MÉMOIRE

SUR

UNE RELATION IMPORTANTE

QUI SE MANIFESTE, EN CERTAINS CAS,

ENTRE LA COMPOSITION ATOMIQUE

ET LA FORME CRISTALLINE.

EXTRAIT DU TOME XIII DES SAVANTS ÉTRANGERS

(ACADÉMIE DES SCIENCES).

MÉMOIRE

SUR

UNE RELATION IMPORTANTE

QUI SE MANIFESTE, EN CERTAINS CAS,

ENTRE LA COMPOSITION ATOMIQUE

ET LA FORME CRISTALLINE,

ET SUR UNE NOUVELLE APPLICATION DU RÔLE QUE JOUE LA SILICE

DANS LES COMBINAISONS MINÉRALES,

PAR M. G. DELAFOSSE,

PROFESSEUR DE MINÉRALOGIE.

PARIS.

IMPRIMERIE NATIONALE.

M DCCC LII.

MÉMOIRE

SUR

UNE RELATION IMPORTANTE

QUI SE MANIFESTE, EN CERTAINS CAS,

ENTRE LA COMPOSITION ATOMIQUE

ET LA FORME CRISTALLINE,

ET SUR UNE NOUVELLE APPLICATION DU RÔLE QUE JOUE LA SILICE

DANS LES COMBINAISONS MINÉRALES.

Le mémoire que j'ai l'honneur de soumettre au jugement de l'Académie se compose de deux parties distinctes qui auraient pu être l'objet de communications séparées, mais que j'ai cru devoir réunir, parce que la seconde me semble être le complément et comme la conséquence naturelle de la première. Dans celle-ci, je me propose de mettre en évidence une relation que j'ai observée entre la composition atomique et la forme cristalline d'un certain nombre de combinaisons minérales, relation tellement simple qu'elle s'offre comme d'elle-même à l'esprit, aussitôt qu'on cherche à établir une concordance entre les résultats de la cristallographie et ceux de la chimie atomique, sans porter atteinte aux principes généralement admis dans les deux sciences. Cette relation, toutefois, malgré le caractère de généralité que sa nature même lui assigne ne peut encore être indiquée d'une manière positive que dans certaines classes de combinaisons, et seulement dans les espèces dont les formes ont un assez haut degré de symétrie, comme celles qui appartiennent aux trois premiers systèmes cristallins. Mais les cas dans lesquels j'ai pu la reconnaître sont déjà assez nombreux et variés pour ne laisser, ce me semble, aucun doute sur la réalité du principe. Dans la première partie de ce mémoire, je cite des exemples assez frappants de cette relation dans des substances dont la composition est parfaitement connue, et que je prends indifféremment parmi les divers genres de la minéralogie, en exceptant toutefois le groupe des silicates anhydres.

Dans la seconde partie de mon mémoire, je cherche à étendre l'application du même principe aux silicates et borates en général, et notamment à cette classe nombreuse de composés que l'on désigne communément sous le nom de silicates alumineux; mais cette application n'est possible qu'à la condition de n'admettre qu'un seul atome d'oxygène dans la silice. Ce changement une fois opéré dans les formules des silicates, on saisit aisément le rapport qui existe entre la forme et la composition dans les grenats, dans l'amphigène, dans l'analcime, dans les idocrases et les wernérites, dans l'émeraude et la néphéline, dans les micas à un axe, les chlorites, etc.

En comparant alors le mode de construction géométrique, auquel les formules de ces corps se prêtent si naturellement, avec celui que j'ai reconnu dans une autre classe de composés, j'entrevois la nécessité d'écrire et d'interpréter ces formules autrement qu'on ne l'a fait jusqu'à ce jour. Je me trouve donc amené par là, comme aussi par d'autres considérations, les unes chimiques, les autres purement minéralogiques, à une appréciation nouvelle du rôle que jouent la silice, l'acide borique et l'alumine dans les produits de la voie sèche, et par suite à une solution également neuve de la question des silicates, cette pierre d'achoppement de toutes les classifications minérales, au dire de M. Berzélius lui-même.

Je me bornerai aujourd'hui à donner lecture de la première partie de ce mémoire, qui a, je l'ai fait remarquer, un but tout spécial et parfaitement distinct de celui auquel tend plus particulièrement la seconde : ce but, c'est la constatation d'un fait qui me paraît avoir par lui-même une certaine valeur, et serait loin de perdre toute son importance, au cas où quelques-unes des conséquences que j'ai cru pouvoir en déduire dans la seconde partie du mémoire, viendraient à être infirmées. J'aurai l'honneur de présenter la fin de mon travail à l'Académie dans une de ses prochaines séances.

PREMIÈRE PARTIE.

RELATION DIRECTE ENTRE LA FORME CRISTALLINE ET LA COMPOSITION ATOMIQUE.
ANALOGIE DES TYPES MOLÉCULAIRES
ET DES TYPES CRISTALLINS.
NOUVEAU MOYEN DE CONTRÔLE POUR LES RÉSULTATS D'ANALYSES.
EXEMPLES DE CONSTRUCTION DE DIVERSES FORMULES ATOMIQUES.

Une des plus belles découvertes qui aient eu lieu depuis trente ans dans le domaine de la cristallographie et de la minéralogie proprement dite, est, sans contredit, celle de la loi que M. Mitscherlich nous a révélée sous le nom d'*isomorphisme :* c'est le pas le plus important que l'on ait fait, en dehors du champ de la spéculation pure, pour arriver à la confirmation de cette vue d'Ampère, que dans les substances cristallisées la forme des molécules intégrantes, et par suite celle du cristal lui-même, dépend du nombre et de la disposition respective des atomes dont les molécules sont composées. En faisant voir que l'analogie des compositions atomiques, dans deux substances, entraîne généralement comme conséquence l'analogie des formes cristallines, M. Mitscherlich a mis hors de doute l'existence d'un lien caché entre la composition et la forme. Mais quelle est la nature de cette relation? Comment telle composition atomique donne-t-elle naissance à telle forme cristalline? En quels nombres et dans quel ordre les atomes chimiques sont-ils distribués dans ce groupe moléculaire qu'on appelle la molécule physique ou intégrante du cristal, et dont dépend immédiatement la forme cristalline? C'est ce que la théorie bien connue de l'isomorphisme ne nous apprend en aucune manière, et ce qu'après maintes tentatives faites pour le découvrir, il reste encore à rechercher.

Ampère a essayé le premier de déterminer les proportions atomiques des combinaisons, d'après certaines formes polyédriques qu'il regardait comme les formes représentatives de leurs molécules. Mais, dans la construction de ces polyèdres moléculaires, il s'est appuyé uniquement sur des considérations puisées dans la théorie des volumes et dans ses propres idées sur la constitution des gaz, et n'a eu aucun égard à la forme particulière qu'affecte chaque combinaison quand elle se présente à l'état cristallin. Il commence, en effet, par établir *à priori* les divers genres de formes qui seuls lui paraissent pouvoir servir de types aux combinaisons chimiques, et, dans ce travail préparatoire, il prend pour point de départ les cinq formes de clivage reconnues par les minéralogistes ; puis, les considérant comme les formes représentatives des molécules les plus simples, il obtient celles des molécules composées, en combinant ces premières formes 2 à 2, 3 à 3, 4 à 4, etc. Mais, à part cette donnée générale empruntée tout d'abord à la science cristallographique, on n'aperçoit plus rien dans les applications de sa théorie, qui ait trait à la considération de la forme cristalline ; bien plus, lorsque dans chaque cas particulier il est parvenu à reconnaître celle des formes représentatives générales qu'il croit pouvoir assigner à la combinaison, il ne cherche pas même à contrôler sa détermination par l'examen de la forme cristalline. Hâtons-nous de le dire, cette vérification importante n'était pas possible dans le plus grand nombre des cas auxquels il a appliqué ses idées; car la forme des substances lui était inconnue, ces substances étant pour la plupart des gaz ou des liquides.

Quelques tentatives ont été faites pour continuer l'œuvre d'Ampère et étendre ses applications aux corps solides, avec l'intention avouée de tenir compte cette fois de leurs formes cristallines.

M. Gaudin a présenté à l'Académie plusieurs mémoires sur

une nouvelle théorie relative au groupement des atomes dans la molécule et des molécules dans le cristal. Ce n'est rien moins qu'une refonte générale des principes de la cristallographie et le renversement complet du bel édifice élevé par les mains de l'un des fondateurs de cette science. Mais je m'empresse de le dire, à peine entre-t-on dans l'examen de cette théorie nouvelle, qu'on reconnaît bien vite qu'elle a pour base, non pas une hypothèse unique, simple et vraisemblable, mais un enchaînement de suppositions toutes gratuites, toutes plus ou moins en opposition avec les idées généralement reçues ou avec les faits les mieux avérés. L'arbitraire y domine à tel point qu'elle se prête à tout ce qu'on lui demande, mais sans rien expliquer d'une manière satisfaisante, sans résoudre aucune des difficultés qu'elle aborde.

L'auteur suppose d'abord que, dans toutes les combinaisons chimiques, les plus complexes comme les plus simples, il s'opère une dissociation complète des atomes élémentaires des composants, et qu'ensuite tous ces atomes indistinctement, par exemple tous les atomes d'oxygène qui, dans les sels, proviennent de l'eau, des bases et des acides, aussi bien que les atomes des radicaux, se mettent en commun, se réunissent pêle-mêle pour former un tout symétrique. Une telle supposition n'est guère probable : car, quand même on serait porté à admettre avec quelques chimistes la destruction des composés binaires dans les sels, pour tous les cas d'affinité énergique et de complète neutralisation, on éprouvera toujours de la difficulté à étendre cette idée aux combinaisons très-faibles, et il semblera beaucoup plus naturel de penser que dans la combinaison d'un sel avec l'eau, par exemple, les éléments du sel anhydre forment au centre comme un noyau, en dehors duquel se placent les atomes d'eau qu'on parvient quelquefois à lui enlever avec une force peu considérable.

L'auteur groupe ensuite les atomes simples par files inégales, qu'il entremêle et combine à son gré, et il suppose que tous les atomes, quelle que soit leur différence de nature et de poids, se placent toujours à des distances égales les uns des autres : la seule condition qu'il cherche à remplir, c'est d'employer tous ceux que lui donne la formule atomique, de façon à composer un tout qui ait une certaine harmonie : mais la symétrie qu'il adopte est presque toujours en opposition avec celle de la forme cristalline du composé. Il me semble impossible d'admettre cette infraction à la plus simple des lois qui régissent tous les phénomènes des cristaux. J'ai cherché à montrer, en diverses occasions, que la symétrie du cristal devait dépendre de celle de sa molécule; que c'est la symétrie propre de cette molécule qui se reproduit, d'abord dans la structure interne du cristal, et ensuite dans sa forme extérieure. Je me suis même attaché à prouver que les cas d'hémiédrie sont loin d'être de simples accidents, de ces modifications passagères qu'on puisse mettre uniquement sur le compte des circonstances extérieures, mais qu'ils sont toujours la conséquence nécessaire de la forme et de la constitution de ses molécules intégrantes. Au surplus, la vérité de ce principe résultera clairement, je l'espère, des observations mêmes qui font le sujet de ce mémoire.

La loi de symétrie, telle que l'entendent les cristallographes, n'est pas mieux observée par l'auteur de la nouvelle théorie dans le groupement ultérieur des molécules pour la formation du cristal. Je pourrais dire ici à quel point ce savant s'est fait illusion dans cette partie de son travail, dans quelles conséquences singulières il a été entraîné à son insu, et en quoi me semblent défectueuses les explications qu'il donne des clivages ou de l'obliquité des prismes dans certaines substances. Mais je dois attendre, pour soumettre à une critique approfondie l'ensemble des vues systématiques de M. Gaudin, qu'il ait achevé la publication de ses mémoires, que nous ne connaissons encore que par extraits. Il me suffit pour l'instant d'avoir montré que sa théorie est loin de résoudre d'une manière satisfaisante la question relative aux rapports de la forme et de la composition, et qu'elle laisse par conséquent le champ libre à ceux qui voudront entreprendre de nouvelles recherches sur cet objet important.

Quelques essais encore ont été tentés pour arriver à grouper les atomes en molécules propres à servir d'éléments aux formes cristallines. Dans son introduction à l'étude de la chimie, publiée en 1834, M. Baudrimont, partageant alors l'idée de M. Gaudin, relativement à la désunion complète des atomes dans les combinaisons, a cherché de son côté à construire quelques molécules, mais en observant les lois rigoureuses de la symétrie, et faisant en sorte que la composition atomique absolue fût d'accord avec la forme cristalline. Ainsi, pour quelques substances à cristaux cubiques, il a fait voir qu'on peut construire une molécule de cette forme avec un nombre total d'atomes élémentaires qui soit cubique, en conservant d'ailleurs exactement les proportions relatives indiquées par l'analyse. Depuis lors, dans son Traité de chimie publié en 1844, il paraît avoir renoncé à l'idée de composer directement les molécules avec des atomes simples, et il expose, sur la structure des groupes moléculaires, quelques vues qui ont de l'analogie avec la manière dont j'avais moi-même envisagé la question plusieurs années auparavant, et dont les premières indications se trouvent dans le mémoire présenté par moi à l'Académie en 1840.

Je demande la permission de citer ici le passage de ce mémoire où j'annonçais déjà la première ébauche du travail, objet de la présente communication. Après avoir fait remarquer que, par les seules considérations physiques et cristallographiques, on ne pouvait déterminer que le *genre* du type moléculaire, c'est-à-dire qu'un ensemble de formes de même symétrie, dans lesquelles ce type doit se trouver compris, j'ajoutais :

« Peut-on espérer d'aller plus loin, et d'arriver à connaître, pour certaines combinaisons minérales, le véritable type spécifique de leur molécule? Nous croyons qu'on y parviendra quelque jour; mais ce ne sera qu'en combinant les données physiques et cristallographiques avec les résultats les plus certains de la théorie des atomes. Nous avons réussi à construire géométriquement certaines formules atomiques, en cherchant à mettre d'accord les indications de la cristallographie et de la chimie, sans faire aucune violence aux idées reçues dans l'une et l'autre science; mais ce n'est point le cas de parler ici de ces tentatives dont l'exposé trouvera plus naturellement sa place dans une autre partie de nos recherches. » (Mémoire sur la cristallisation, t. VIII des Savants étrangers, p. 641.)

J'ai, depuis cette époque, donné plusieurs fois des exemples de la manière de construire les molécules intégrantes d'un cristal, conformément aux doubles indications de la forme et de l'analyse, et cela, soit dans mes leçons à la Sorbonne, soit dans différents ouvrages à la rédaction desquels j'ai participé. Je citerai, entre autres écrits où il en est question, l'article *Cristallisation* de l'Encyclopédie du XIXe siècle, dans lequel j'ai figuré la construction de la molécule de la pyrite, d'après sa composition atomique bien connue, et de manière à rendre raison tout à la fois de la forme cubique de cette substance, du dodécaèdre pentagonal, et des autres formes hémiédriques qui caractérisent son système de cristallisation. Mais, jusqu'à présent, ces applications sont restées isolées; je ne les faisais qu'en passant pour ainsi dire, et sans dessein prémédité d'aborder franchement la question, pour l'étudier d'une manière spéciale, comme je vais le faire en ce moment.

Voici les principes qui me guident dans le groupement des atomes en molécules cristallines. J'admets avec Ampère que les atomes de même espèce se placent de manière que leurs centres de gravité occupent toujours des sommets identiques du polyèdre qu'elles figurent dans l'espace, et c'est là la seule idée importante que j'emprunte à son système. En la prenant pour point de départ, et la combinant avec cette autre idée non moins essentielle que j'exprimais tout à l'heure, savoir que la forme de la molécule doit toujours s'accorder avec celle du corps, par conséquent être une des formes mêmes de son système cristallin, je suis dans beaucoup de cas tout naturellement amené à une construction géométrique fort simple de la formule de ce corps, par le rapprochement que je fais de la loi numérique qui règle la répétition des parties extérieures dans les diverses formes du système, avec les nombres d'atomes marqués par cette formule, après qu'on l'a mise sous une forme convenable, en multipliant, si cela est nécessaire, tous ses termes par un même facteur.

Or, en procédant ainsi, on s'aperçoit bientôt que les sommets du polyèdre moléculaire ne sont pas toujours occupés par des atomes simples, comme le voulait Ampère, mais qu'ils le sont aussi par des atomes complexes, et le plus souvent par des atomes de composés binaires, oxydes, sulfures, chlorures, etc. On reconnait encore, contrairement aux idées du même savant, que l'intérieur des polyèdres moléculaires ne reste pas constamment vide, qu'au contraire leur centre est le plus souvent marqué par un atome qui peut pareillement être simple ou composé. Dans ce cas, le plus important de tous pour l'objet que j'ai en vue dans ce mémoire, la molécule est constituée par un noyau central et par une enveloppe extérieure, et c'est cette enveloppe superficielle qui détermine de la manière la plus immédiate la forme du groupe moléculaire : c'est elle qui, distinguée et séparée avec soin du noyau dans la formule elle-même, manifeste le plus clairement la relation que j'ai annoncée, par l'accord que l'on remarque entre les nombres d'atomes dont elle se compose et ceux des sommets de l'une des formes simples de la substance : or, dans certaines classes de composés, la distinction de ces deux parties est facile et se présente pour ainsi dire d'elle-même.

S'agit-il, par exemple, d'un sel hydraté, comme l'alun potassique, on sera naturellement conduit à composer le noyau avec les éléments du sel anhydre, et à rejeter vers la périphérie ou dans l'enveloppe tous les atomes d'eau, pourvu toutefois qu'il soit constant que tous, sans exception, jouent le même rôle dans la combinaison. Or les différentes espèces d'alun cristallisent sous les formes du système cubique, et dans ce système la loi de répétition des sommets, faces ou arêtes dans les formes simples, a pour expression l'échelle de nombres

6, 8, 12, 24, 48....

Si notre opinion sur la disposition des parties composantes des aluns est fondée, si les atomes d'eau sont bien réellement des atomes périphériques, il faudra que le nombre de ces atomes soit rigoureusement égal à l'un des nombres de l'échelle précédente : car, étant de même nature et jouant le même rôle dans la combinaison, ils doivent occuper tous des sommets identiques ou bien répondre aux milieux des faces ou des arêtes d'une forme simple : or c'est précisément ce qui a lieu, le nombre des atomes d'eau étant juste de 24 dans les aluns à base de potasse, de soude, de manganèse, de fer et de chrome. L'alun ammoniacal, pour lequel l'analyse a donné 25 atomes d'eau, semble seul faire exception à la règle; mais cette exception n'est qu'apparente, puisqu'on sait qu'un de ces atomes d'eau joue un rôle à part, et qu'il est nécessaire de le joindre à l'ammoniaque, pour rétablir dans la formule particulière de cet alun cette conformité avec les autres qu'exige l'isomorphisme bien connu de tous ces sels.

On remarquera que le nombre 24 se trouve assez éloigné des termes 12 et 48, entre lesquels il est compris dans l'échelle, pour qu'on ne soit pas tenté de regarder comme purement fortuite la coïncidence observée entre le nombre donné par la formule et celui qui lui correspond dans l'échelle du système cubique.

On voit aussi, par l'exemple de l'alun ammoniacal, que l'accord peut ne pas se manifester immédiatement entre la composition et la forme, sans pour cela qu'on soit en droit d'en conclure la non-existence de la relation; car, outre qu'on est obligé d'admettre l'exactitude rigoureuse des analyses qui ont conduit à la formule atomique, il faut encore que l'on ne se soit pas trompé sur la nature du rôle que l'on assigne à certains composants, et surtout à ces corps indifférents qui, comme l'eau, jouent tantôt un rôle, tantôt un autre, et quelquefois deux rôles différents dans la même combinaison. Enfin, il faut que la formule propre à chacun des composés binaires, qui font partie de l'enveloppe, ait été bien déterminée, puisque le nombre des atomes que marquera la formule dépend évidemment de cette détermination : c'est ce que nous démontreront bientôt les formules des silicates.

Le règne minéral offre peu de sels hydratés qui cristallisent, comme l'alun, dans le système cubique. L'arséniate de fer, nommé pharmacosidérite et beudantite, est dans ce cas : or, pour un atome d'arséniate anhydre, ce minéral renferme 6 atomes d'eau, autre nombre de l'échelle cubique.

Nous pourrions citer, parmi les produits de laboratoire, d'autres exemples de la relation dont il s'agit : les bromates de zinc et de magnésie sont des sels à 6 atomes d'eau ; les hypophosphates de magnésie, de nickel et de cobalt, sont à 8 atomes.

Les silicates anhydres nous offriront par la suite plusieurs cas remarquables de concordance dans le système cubique. Mais nous allons indiquer en ce moment une classe de composés où le rapport se manifeste de la manière la plus sensible ; c'est celle des corps qui, cristallisant en cube, présentent en même temps le genre d'hémiédrie qui mène au tétraèdre régulier. Pour ces substances, et seulement pour celles-là, on peut ajouter, aux nombres de l'échelle cubique, le nombre 4, qui devient ainsi le signe caractéristique de ce groupe : or, il est à remarquer que presque toutes ces substances ont des formules susceptibles d'être ramenées à la forme A + 4B, ce qui indique une molécule tétraédrique ; on voit en effet que, pour la construire, il suffit de placer l'atome A au centre, et les 4 atomes B dans les sommets d'un tétraèdre régulier.

La panabase (ou Fahlerz) a une formule qui paraît tres-compliquée au premier abord, mais qui se simplifie lorsqu'on tient compte des substitutions de corps isomorphes : elle peut être mise alors sous la forme $\ddot{R}.\acute{r}^4$; il en est de même de la tennantite et de la steinmannite. Le silicate de bismuth (wismuthblende) a très-probablement pour formule $\ddot{B}i.\dot{S}i^4$, la petite quantité de phosphate de fer qu'il renferme pouvant être considérée comme se trouvant à l'état de mélange.

Si l'on applique à la pharmacosidérite que nous citions tout à l'heure, et qui cristallise en cubo-tétraèdres, la remarque faite par M. Naumann au sujet de la vivianite, et d'après laquelle on doit faire une distinction importante entre la composition primitive et la composition actuelle de certains phosphates et arséniates de fer plus ou moins altérés par une suroxydation épigénique, on pourra ramener tout le fer contenu dans ce minéral à l'état de protoxyde, et écrire ainsi sa formule normale :

$$\dot{F}e^4\ddot{\ddot{A}}s + \dot{H}^6.$$

Dans ce cas, le premier terme indiquera une molécule tétraédrique, et les 6 atomes d'eau correspondront au milieu des arêtes du tétraèdre.

La woltzite, observée par M. Fournet dans une mine de Pontgibaud, et que M. Kersten a retrouvée cristallisée dans des produits de fourneau, a pour formule $\acute{Z}n^4\dot{Z}n$: or, suivant le docteur Frankenheim, ce minéral présente les clivages en même temps que les formes hémiédriques de la blende; nous verrons plus loin que la boracite a très-probablement aussi une formule analogue aux précédentes. De toutes les espèces tétraédriques dont la composition est connue, la blende seule fait exception à la règle. Si la formule $\acute{Z}n$, qu'on assigne à la blende naturelle, est exacte, il faut en conclure que ce minéral diffère des substances précédentes, en ce que sa molécule est dépourvue d'atome central [1].

Nous venons de citer des composés dans lesquels la molécule a un centre et où la distinction entre les atomes centraux et les atomes périphériques se fait aisément. Lorsque la molécule est dépourvue de centre comme dans la blende, le mode de construction dans ce cas n'est plus indiqué d'une manière aussi positive par la formule atomique : cependant, on peut encore le déterminer avec une grande probabilité pour plusieurs substances, en se lais-

[1] Si la formule de la blende naturelle était $\acute{Z}n^4.\dot{Z}n$ dans les variétés pures, comme on le croyait avant le travail de Proust, ou bien $\acute{Z}n^4.\dot{F}e$ dans les variétés ferrugineuses, cette substance rentrerait alors dans le cas général, et la woltzite n'en serait qu'une modification particulière.

sant guider par certaines particularités de leurs formes; mais ce n'est plus par un partage convenable des atomes de la formule qu'on la rend susceptible de construction, c'est en multipliant tous ses termes par un même facteur.

La formule Fe S^2 est attribuée à la fois aux deux pyrites, la pyrite cubique et la pyrite prismatique ou sperkise. Sous cette forme simple, elle peut rendre raison de la forme de la seconde espèce; car on peut placer l'atome du radical au centre, et les deux atomes de soufre aux extrémités d'un axe qui, dans ce système, est toujours seul de son espèce. Mais, pour expliquer les formes de la pyrite cubique, il faut multiplier la formule par le facteur 6. J'ai fait voir, dans l'Encyclopédie du XIXe siècle (art. déjà cité), que l'on pouvait construire la molécule de la pyrite commune avec six atomes de sperkise, en plaçant ceux-ci aux centres des faces d'un cube, et donnant à leurs axes des directions croisées, parfaitement correspondantes à celles des grandes arêtes terminales du dodécaèdre ou des stries de la pyrite triglyphe. Cette construction rend très-bien compte de toutes les particularités du système de la pyrite : elle est donc naturellement indiquée par elles. On voit qu'il est possible de construire la même formule de deux manières différentes, et d'expliquer ainsi le dimorphisme d'une même combinaison chimique.

Examinons maintenant comment les choses se passent dans les systèmes hexagonaux et quadratiques. Dans les cristaux qui ont pour type générateur un prisme à base carrée ou hexagonale, il existe toujours un axe, seul de son espèce, qui, passant par le centre va aboutir à deux sommets principaux, et relativement auquel sont symétriquement ordonnées toutes les parties latérales de ces cristaux. Cette circonstance doit se reproduire dans l'arrangement des atomes qui composent la molécule. Ainsi dans ces substances, indépendamment d'un premier groupe atomique marquant le centre de la molécule, il pourra y avoir deux autres groupes semblables entre eux, et en général différents du premier, qui marqueront les sommets principaux ou les extrémités de l'axe ; et, ces trois parties une fois reconnues et séparées dans la formule, le reste se composera d'atomes d'une autre espèce encore, et qui devront correspondre, pour le nombre et les positions, aux parties latérales d'une des formes du système : c'est sur ce dernier nombre d'atomes que l'attention devra se porter alors, car c'est cette partie qui, devant remplir la condition imposée par la forme, fournira un moyen de contrôle pour la formule elle-même.

Or, les nombres des parties qui entourent l'axe dans les diverses formes d'un même système, suivent l'échelle 6, 12, 18... dans le système du prisme hexagonal, et l'échelle 4, 8, 16... dans le système du prisme à base carrée : c'est donc sur ces nombres que devra se régler celui des atomes latéraux, que la formule fera connaître lorsqu'on en aura séparé les groupes du centre et des sommets.

Ce moyen d'arriver à la connaissance des atomes périphériques, en défalquant de la formule les atomes relatifs au centre ou à l'axe, suppose qu'il y a un centre ou des sommets réels dans la molécule. Pour qu'il réussisse, il faut que les termes de la formule que nous regardons comme appartenant au centre et aux sommets, ne deviennent pas nuls tous à la fois. L'application du procédé pourra donc encore avoir lieu, soit que la molécule ait un centre et point de sommets réels, soit qu'elle ait des sommets et point de centre. Citons des exemples de ces différents cas.

1° Dans le système hexagonal :

MOLÉCULES CENTRÉES SANS SOMMETS RÉELS.

Chabasie. . . . . $\ddot{Al}\dot{Ca}\dot{Si}^{8}+6\dot{H}$.

Alunite. . . . . $\ddot{Al}^{3}\dot{K}\ddot{S}^{4}+6\dot{H}$

Chalkophyllite. . . . . $\ddot{As}\dot{Cu}^{6}+12\dot{H}$.

Léberkise. . . . . $\ddot{Fe}+6\dot{Fe}$.

MOLÉCULES À SOMMETS ET DÉPOURVUES DE CENTRE.

Iridosmine. . . . . $2Ir+6Os$.

Argyrythrose.	$2\dddot{S}b+6\dot{A}g$.
Proustite.	$2\dddot{A}s+6\dot{A}g$.
Polybasite.	$2\dddot{S}b+18\dot{A}g$.
Alunogène.	$2\ddot{A}l\dddot{S}^3+18\dot{H}$.
Coquimbite	$2\ddot{F}e\dddot{S}^3+18\dot{H}$.
Chlorite.	$2.\dot{M}g\dot{H}^2+6.\ddot{A}l\dot{M}g^3\dot{S}i^6$.
Cancrinite.	$2\ddot{C}\dot{C}a+6.\ddot{A}l\dot{N}a\dot{S}i^3$.
Apatite.	$2CaCl+6.\dot{C}a^3\overset{\cdot\cdot\cdot\cdot\cdot}{P}$.
Pyromorphite.	$2PbCl+6\dot{P}b^3\overset{\cdot\cdot\cdot\cdot\cdot}{P}$.

2° Dans le système quadratique :

MOLÉCULES CENTRÉES SANS SOMMETS.

Faujasite.	$\ddot{A}l\dot{C}a\dot{S}^{10}+8\dot{H}$.	
Apophyllite.	$\dot{K}\dot{C}a^8\dot{S}i^{30}+16\dot{H}$.	
Uranite.	$\dot{C}a\dot{U}^2\overset{\cdot\cdot\cdot\cdot\cdot}{P}+8\dot{H}$	dans la théorie de l'uranite
Chalkolite.	$\dot{C}u\dot{U}^2\overset{\cdot\cdot\cdot\cdot\cdot}{P}+8\dot{H}$	

MOLÉCULES À SOMMETS.

Biarséniates et biphosphates de potasse et d'ammoniaque.

Acétate d'urane et de potasse.

Acétate d'urane et d'argent.

Pour résumer ce qui précède, on voit :

1° Que, dans le système cubique, lorsque la molécule est pourvue d'un centre ou noyau, si l'on désigne par A l'atome simple ou le groupe atomique qui forme le centre ou noyau; par B, C. . . . les différentes sortes d'atomes simples ou composés qui font partie de l'enveloppe, et par x, y. . . les nombres d'atomes périphériques de chaque espèce, la formule atomique du corps devra pouvoir se partager de manière à prendre la forme

$$A+xB+yC+\ldots\ldots$$

Les facteurs x, y. . . varieront d'une substance cubique à une autre, mais ne pourront recevoir d'autres valeurs que celles marquées par les nombres de l'échelle

6, 8, 12, 24, 48.

Tous autres nombres, tels que 5, 7, 9, 11, 13 . . . seront nécessairement exclus. De là, comme on le voit, un moyen de contrôle pour les résultats d'analyses. Dans le plus grand nombre des cas, la formule précédente se réduit à ses deux premiers termes A + xB.

Si la substance présente le cas d'hémiédrie qui mène au tétraèdre, la formule A + xB prend ordinairement la forme simple et caractéristique A + 4B.

Si A est nul, ou si la molécule est dépourvue de centre ou de noyau, le mode de construction n'est plus aussi clairement indiqué par la formule atomique; cependant, dans certains cas, on parvient encore à la construire, en la multipliant par un facteur convenable, ou bien en la partageant immédiatement en plusieurs termes, qui correspondent à ceux de la formule xB + yC + ...

2° Que, dans le système hexagonal, si l'on suppose la molécule pourvue d'un centre A et de deux sommets principaux S, la formule atomique se partagera de manière à prendre la forme A + 2S + xB + yC + ... les facteurs x, y . . . ne pouvant recevoir d'autres valeurs que les nombres de l'échelle

6, 12, 18 . . . .

3° Que, dans le système quadratique, on aura la même formule, avec une autre échelle de nombres.

4, 8, 16 . . . . . .

La distinction que nous avons établie entre le noyau central des molécules et les atomes périphériques, et surtout l'emploi que nous avons fait d'atomes composés, fonctionnant comme les atomes simples d'Ampère, nous ont permis d'arriver à des polyédres d'un petit nombre de sommets, et par conséquent à des molécules extrêmement simples, au lieu de ces polyèdres compliqués auxquels le célèbre physicien a été conduit par le développement de ses idées. Les formules atomiques elles-mêmes gardent leur simplicité ordinaire; il est rare qu'on ait besoin, pour les rendre susceptibles de construction, de multiplier leurs termes par un facteur commun, et quand cela arrive, ce facteur est toujours un nombre très-petit.

Dans les molécules à noyau central, on ne parvient le plus souvent à déterminer que la composition et la forme de l'enveloppe; quant au noyau, on ne connaît que sa composition chimique, et l'on ne sait rien de plus, si ce n'est que, malgré son état plus ou moins complexe, il occupe et marque le centre de la molécule, comme le ferait un atome simple. Du reste, la connaissance de l'enveloppe est ce qu'il y a de plus important dans la question dont il s'agit; car elle suffit pour établir une relation entre la composition et la forme, et, en fournissant une condition à laquelle la formule chimique doit satisfaire, elle fournit en même temps un moyen de contrôle pour juger de son exactitude.

— Il arrive quelquefois cependant qu'on peut aller plus loin, et que le noyau lui-même peut se construire, parce qu'il est formé d'une ou de plusieurs enveloppes polyédriques, concentriques à l'enveloppe extérieure : la chalkophyllite nous en a donné un exemple. On sent bien, en effet, que, dans un système quelconque, le système cubique, je suppose, à une première enveloppe composée de six atomes et représentant un octaèdre, peut s'ajouter une autre enveloppe composée de huit atomes et représentant un cube, une troisième composée de douze atomes, répondant aux faces du dodécaèdre, et ainsi de suite. Cette superposition d'enveloppes atomiques se fait suivant les mêmes lois que la combinaison des formes simples dans le système correspondant; elle confirme l'analogie que nous avons dit exister entre les types moléculaires et les types cristallins.

— La relation que nous venons de reconnaître entre la forme

et la composition des minéraux ne dépend que de la considération des principes immédiats de ces corps; elle est par là même beaucoup plus simple, et en même temps mieux assurée que celle qu'on a cherché jusqu'ici à établir, en s'appuyant sur le nombre total des atomes élémentaires, base incertaine et mobile que les progrès de la chimie peuvent déplacer à tout instant. Cette relation nous paraît mise hors de doute par les exemples suffisamment multipliés que nous en avons donnés; on en verra d'ailleurs d'autres non moins remarquables dans la seconde partie de ce mémoire. Si nous nous sommes borné à chercher ces exemples dans les trois premiers systèmes, ce n'est pas que notre principe de construction moléculaire ne pût également convenir aux trois autres; mais il s'y appliquerait d'une façon moins concluante, à cause du trop grand nombre de chances ou de combinaisons qui seraient alors possibles. Dans les premiers systèmes, les termes de l'échelle numérique sont assez peu nombreux et assez largement espacés pour qu'on ait moins à craindre l'effet du hasard sur les coïncidences observées.

DEUXIÈME PARTIE.

APPLICATION AUX SILICATES ET AUX BORATES DE LA MÉTHODE DE CONSTRUCTION DES FORMULES ATOMIQUES. NOUVELLE APPRÉCIATION DU RÔLE QUE JOUENT L'ALUMINE, LA SILICE ET L'ACIDE BORIQUE DANS LES COMBINAISONS MINÉRALES.

Dans la première partie de ce mémoire, j'ai cherché à mettre en rapport les indications fournies par la forme et la symétrie des cristaux avec celles qui se tirent de leur composition atomique, dans les cas où cette composition peut être regardée comme connue et représentée avec une entière exactitude; j'ai montré qu'on pouvait en déduire la forme et la structure atomique de la molécule cristalline pour les substances des trois premiers systèmes, qui sont composées de plusieurs espèces différentes d'atomes, binaires ou ternaires, lorsqu'une de ces sortes d'atomes remplit la condition d'occuper exclusivement, soit le centre du cristal dans l'un quelconque des trois systèmes, soit les sommets de l'axe principal dans les systèmes hexagonal et quadratique, ce qui réduit le nombre absolu des atomes de cette espèce dans la molécule, à l'unité pour le cas du système cubique, et à deux seulement pour le cas des autres systèmes. Cette condition n'a pas toujours lieu, parce qu'il est des substances dont la molécule est dépourvue de centre ou d'axe réel, et ne se compose que d'atomes périphériques; nous en donnerons bientôt des exemples. Mais le cas contraire se présente fréquemment, et c'est alors que se manifeste, de la manière la moins douteuse et la plus sensible, le rapport entre la forme et la composition.

Dans ce cas, en effet, la formule atomique doit pouvoir se décomposer en deux ou trois parties, de telle sorte qu'elle prenne la forme A + xB, pour les substances du premier système, et la forme A + 2B + xC, pour celles du second et du troisième. Cette dernière forme est susceptible de simplification, en ce que l'un ou l'autre des deux premiers termes peut devenir nul, sans que pour cela la formule perde sa signification et son importance pour l'objet que nous avons en vue, et qui est d'arriver à la construire d'une manière qui ne laisse dans l'esprit aucune incertitude. Si c'est A qui disparaît, la formule se réduit à 2B + xC; si c'est le second terme qui s'annule, on rentre alors dans la forme A + xC, qui appartient déjà au système cubique. Voilà donc trois formules différentes auxquelles peut être ramenée la composition des corps des trois premiers systèmes, savoir : les formules

$$A + xB,$$
$$2B + xC,$$
$$A + 2B + xC.$$

Dans ces formules, le coefficient du dernier terme est seul variable; et, ainsi que nous l'avons établi, il ne peut varier que conformément à une loi connue d'avance, et qu'indique la forme cristalline de la substance. De là, la relation que nous avons annoncée et la possibilité de comparer, dans certains cas, les déterminations chimique et cristallographique, pour les contrôler l'une par l'autre.

Cette méthode de construction des formules chimiques, à l'aide des données fournies par les formes cristallines, nous a conduit à des types moléculaires d'une grande simplicité, et qui doivent ce caractère à ce que nous avons fait dépendre directement leur structure des principes immédiats du composé (oxydes, sulfures, chlorures, sels anhydres), par conséquent, d'atomes complexes, binaires ou ternaires, et non pas des derniers atomes ou atomes élémentaires, comme on a toujours tenté de le faire jusqu'à présent.

Dans la première partie de ce mémoire, j'ai dû borner les applications que je faisais de la méthode à des substances choisies parmi celles dont la composition ne pouvait offrir aucune incertitude; car, on le sent parfaitement, la méthode n'a chance de réussir qu'autant que l'on peut compter sur la justesse, non-seulement des analyses, mais encore de leur traduction en formules. Nous allons essayer maintenant de l'appliquer aux groupes des silicates et des borates, mais auparavant il est nécessaire de discuter la constitution chimique de ces corps, sur laquelle les opinions sont loin d'être fixées.

Le groupe des silicates est assurément l'un des plus importants de toute la minéralogie; car le nombre des espèces comprises dans ce groupe forme à peu près les deux cinquièmes du règne minéral tout entier, et, de tous les éléments immédiats des substances qui composent l'écorce terrestre, la silice est celui qui a joué le rôle le plus considérable et le plus universel. Cependant, à en juger d'après la diversité des sentiments parmi les chimistes et les minéralogistes, on ne saurait, dans l'état actuel des choses, se prononcer avec quelque certitude ni sur la véritable nature des silicates, ni sur la véritable constitution de la silice elle-même.

D'après des analogies qui nous semblent assez faibles, M. Berzélius a représenté la silice par le symbole SiO^3, et tous les minéralogistes se sont conformés à son opinion. M. Dumas, se fondant sur des raisons plus puissantes, a admis la formule SiO; M. Gaudin a proposé le symbole SiO^2, qu'adoptent aussi maintenant MM. Hermann et Naumann; enfin M. Baudrimont, partant de l'idée que l'alumine peut remplacer la silice, ce qui est loin d'être prouvé, propose de son côté la formule des sesquioxydes Si^2O^3.

Quant au rôle que joue la silice dans les silicates naturels, on a généralement admis, avec M. Berzélius, que la silice faisait fonction d'acide à l'égard des bases de toute espèce, tant sesquioxydes que monoxydes, auxquelles on la suppose unie directement. Cependant on n'a pu parvenir à fixer la capacité de saturation de cet acide, qui serait singulièrement variable, puisque M. Berzélius admet des silicates dans lesquels l'acide renferme 1, 2, 3, 4, 6, 9 et 12 fois autant d'oxygène que la base, sans qu'on puisse dire réellement qu'une de ces combinaisons soit plus neutre que les autres. Lorsqu'il y a des bases de plusieurs sortes, comme c'est le cas le plus ordinaire, et celui que présentent généralement les silicates alumineux, on opère un partage plus ou moins arbitraire de la silice entre les diverses sortes de bases, ce qui donne autant de silicates simples, que l'on suppose ensuite combinés entre eux, et l'on obtient ainsi des formules à plusieurs termes d'une complication parfois extrême. Ainsi, d'une part, incertitude sur le symbole particulier de la silice, d'une autre part, incertitude plus grande encore sur les formules des silicates, que chaque chimiste ou minéralogiste établit à peu près à sa guise : tel est l'état dans lequel se présente la question des silicates, une de celles dont il importerait le plus d'avoir une solution rigoureuse; car elle intéresse vivement la chimie minérale, la minéralogie et la géologie

Il n'est besoin, pour se convaincre de l'arbitraire qui a régné jusqu'à présent dans la traduction en formules des analyses de silicates, que de comparer entre eux les différents tableaux de ces formules que nous ont donnés les chimistes et les minéralogistes, et notamment ceux de MM. Berzélius, Beudant, Rammelsberg, Gerhardt, Laurent et Baudrimont. Il est impossible aussi, en faisant cette comparaison, de ne pas être frappé de la complication que ces formules offrent en général, et qui est telle qu'on a peine à croire qu'elles puissent représenter le véritable état des choses, et l'on est tenté de partager tous les doutes que M. A. Laurent a si vivement exprimés dans son dernier travail sur cette classe de composés.

En cherchant à mettre en rapport les anciennes formules de silicates avec les données cristallographiques, je n'ai pu être surpris de voir que ces formules ne se prêtassent en aucune façon aux tentatives que je faisais pour les construire; et, persuadé d'ailleurs par l'expérience antérieurement acquise qu'on ne pouvait avoir confiance dans le mode de répartition de la silice entre les bases, je commençai par renoncer à ce dédoublement des formules dites rationnelles, et par revenir tout simplement aux formules brutes, qui représentent la composition relative d'une manière aussi exacte et beaucoup moins hypothétique.

Ayant ainsi ramené toutes les formules des silicates alumineux anhydres à la forme générale $\dddot{Al}^m\dot{r}^n\dddot{Si}^p$, et celle des silicates hydratés à la forme $\dddot{Al}^m\dot{r}^n\dddot{Si}^p\dot{H}^q$, je remarquai qu'en général il y avait un rapport très-simple entre les quantités d'oxygène de l'alumine et de ses isomorphes, et celle des bases monoxydes, et quand je cherchais à représenter ce rapport par les plus petits nombres possibles, l'exposant de l'alumine était presque toujours 1, celui de $\dot{r}$ était le plus souvent 1 ou 3, et celui de la silice éprouvait de plus grandes variations : il prenait souvent la forme fractionnaire, lorsqu'on représentait la silice par SiO^3, mais dans ce cas la fraction avait généralement pour dénominateur 3. Ce dénominateur disparaissait, et les formules prenaient une forme plus simple avec des exposants tous entiers, lorsqu'on venait à représenter la silice par SiO, et par conséquent à substituer dans ces formules au symbole ordinaire $\dddot{Si}$ le symbole équivalent $\dot{Si}^3$. C'est ce que montrent clairement les exemples de silicates renfermés dans les tableaux suivants :

SILICATES ALUMINEUX ANHYDRES.

	FORMULES DES AUTEURS.	Silice = SiO^3.	Silice = SiO.	FORMULE GÉNÉRALE.
Petalite.	$\dddot{Al}\dddot{Si}^3 + \dot{Li}\dddot{Si}$.	$\dddot{Al}\dot{Li}.\dddot{Si}^4$.	$\dddot{Al}\dot{Li}.\dot{Si}^{12}$.	$\dddot{Al}\dot{r}.\dot{Si}^n$.
Orthose.	$\dddot{Al}\dddot{Si}^3 + \dot{K}\dddot{Si}$.	$\dddot{Al}\dot{K}.\dddot{Si}^4$.	$\dddot{Al}\dot{K}.\dot{Si}^{12}$.	*n* étant
Albite.	$\dddot{Al}\dddot{Si}^3 + \dot{Na}\dddot{Si}$.	$\dddot{Al}\dot{Na}.\dddot{Si}^4$.	$\dddot{Al}\dot{Na}.\dot{Si}^{12}$.	un nombre entier.
Oligoclase	$\dddot{Al}\dddot{Si}^2 + \dot{Na}\dddot{Si}$.	$\dddot{Al}\dot{Na}.\dddot{Si}^3$.	$\dddot{Al}\dot{Na}.\dot{Si}^9$.	

	FORMULES DES AUTEURS.	Silice = SiO^3.	Silice = SiO.	FORMULE GÉNÉRALE.
Triphane.	$\ddot{Al}\dddot{Si}^2 + \dot{L}\dddot{Si}$ (1).	$\ddot{Al}\dot{L}i.\dddot{Si}^3$.	$\ddot{Al}\dot{L}i.\dot{Si}^9$.	
Andésine.	$3\ddot{Al}\dddot{Si}^2 + \dot{Na}^3\dddot{Si}^2$.	$\ddot{Al}\dot{Na}.\dddot{Si}^{\frac{8}{3}}$.	$\ddot{Al}\dot{Na}.\dot{Si}^8$.	
Amphigène.	$3\ddot{Al}\dddot{Si}^2 + \dot{K}^3\dddot{Si}^2$.	$\ddot{Al}\dot{K}.\dddot{Si}^{\frac{8}{3}}$.	$\ddot{Al}\dot{K}.\dot{Si}^8$.	
Labrador.	$\ddot{Al}\dddot{Si} + \dot{Ca}\dddot{Si}$.	$\ddot{Al}\dot{Ca}.\dddot{Si}^2$.	$\ddot{Al}\dot{Ca}.\dot{Si}^6$.	
Ryakolithe.	$\ddot{Al}\dddot{Si} + \dot{Na}\dddot{Si}$.	$\ddot{Al}\dot{Na}.\dddot{Si}^2$.	$\ddot{Al}\dot{Na}.\dot{Si}^6$.	
Cordiérite.	$3\ddot{Al}\dddot{Si} + \dot{Mg}^3\dddot{Si}^2$.	$\ddot{Al}\dot{Mg}.\dddot{Si}^{\frac{5}{3}}$.	$\ddot{Al}\dot{Mg}.\dot{Si}^5$.	
Anorthite.	$3\ddot{Al}\dddot{Si} + \dot{Ca}^3\dddot{Si}$.	$\ddot{Al}\dot{Ca}.\dddot{Si}^{\frac{4}{3}}$.	$\ddot{Al}\dot{Ca}.\dot{Si}^4$.	
Néphéline.	$3\ddot{Al}\dddot{Si} + \dot{Na}^3\dddot{Si}$.	$\ddot{Al}\dot{Na}.\dddot{Si}^{\frac{4}{3}}$.	$\ddot{Al}\dot{Na}.\dot{Si}^4$.	
Paranthine.	$3\ddot{Al}\dddot{Si} + \dot{Ca}^3\dddot{Si}$.	$\ddot{Al}\dot{Ca}.\dddot{Si}^{\frac{4}{3}}$.	$\ddot{Al}\dot{Ca}.\dot{Si}^4$.	
Émeraude.	$\ddot{Al}\dddot{Si}^2 + \dot{Be}^3\dddot{Si}^2$.	$\ddot{Al}\dot{Be}^3.\dddot{Si}^4$.	$\ddot{Al}\dot{Be}^3.\dot{Si}^{12}$.	$\ddot{Al}\dot{r}^n.\dot{Si}^m$.
Euclase.	$\ddot{Al}\dddot{Si} + \dot{Be}^3\dddot{Si}$.	$\ddot{Al}\dot{Be}^3.\dddot{Si}^2$.	$\ddot{Al}\dot{Be}^3.\dot{Si}^6$.	
Grenats	$\ddot{Al}\dddot{Si} + \dot{r}^3\dddot{Si}$.	$\ddot{Al}\dot{r}^3.\dddot{Si}^2$.	$\ddot{Al}\dot{r}^3.\dot{Si}^6$.	
Micas à un axe. .	$\ddot{Al}\dddot{Si} + \dot{Mg}^3\dddot{Si}$.	$\ddot{Al}\dot{Mg}^3.\dddot{Si}^2$.	$\ddot{Al}\dot{Mg}^3.\dot{Si}^6$.	

(1) Les formules par lesquelles nous représentons la composition de la pétalite et du triphane sont celles qui ont été données par MM. Beudant et Dufrénoy.

SILICATES ALUMINEUX HYDRATÉS.

	FORMULES DES AUTEURS.	Silice = SiO^3.	Silice = SiO.	FORMULE GÉNÉRALE.
Analcime	$3\ddot{Al}\dddot{Si}^2 + \dot{Na}^3\dddot{Si}^2 + 6\dot{H}$.	$\ddot{Al}\dot{Na}.\dddot{Si}^{\frac{8}{3}}\dot{H}^2$.	$\ddot{Al}\dot{Na}.\dot{Si}^8\dot{H}^2$.	$\ddot{Al}\dot{r}.\dot{Si}^m\dot{H}^n$ m et n étant des nombres entiers
Chabasie.	$3\ddot{Al}\dddot{Si}^2 + \dot{Ca}^3\dddot{Si}^2 + 18\dot{H}$.	$\ddot{Al}\dot{Ca}.\dddot{Si}^{\frac{8}{3}}\dot{H}^6$.	$\ddot{Al}\dot{Ca}.\dot{Si}^8\dot{H}^6$	
Natrolithe.	$\ddot{Al}\dddot{Si} + \dot{Na}\dddot{Si} + 2\dot{H}$.	$\ddot{Al}\dot{Na}.\dddot{Si}^2\dot{H}^2$.	$\ddot{Al}\dot{Na}.\dot{Si}^6\dot{H}^2$.	
Faujasite.	$3\ddot{Al}\dddot{Si}^2 + \dot{Ca}^3\dddot{Si}^3 + 24\dot{H}$.	$\ddot{Al}\dot{Ca}.\dddot{Si}^{\frac{10}{3}}\dot{H}^8$.	$\ddot{Al}\dot{Ca}.\dot{Si}^{10}\dot{H}^8$.	
Stilbite.	$\ddot{Al}\dddot{Si}^3 + \dot{Ca}\dddot{Si} + 6\dot{H}$.	$\ddot{Al}\dot{Ca}.\dddot{Si}^4\dot{H}^6$.	$\ddot{Al}\dot{Ca}.\dot{Si}^{12}\dot{H}^6$.	
Laumonite	$3\ddot{Al}\dddot{Si}^2 + \dot{Ca}^3\dddot{Si}^2 + 12\dot{H}$.	$\ddot{Al}\dot{Ca}.\dddot{Si}^{\frac{8}{3}}\dot{H}^4$.	$\ddot{Al}\dot{Ca}.\dot{Si}^8\dot{H}^4$.	

On voit par ces tableaux que les formules des silicates alumineux tendent à prendre une forme très-simple et fort remarquable quand on évite de les dédoubler, et qu'en même temps on représente la silice par SiO, au lieu de SiO^3. Cette plus grande simplicité est déjà une raison à ajouter à celles qu'ont fait valoir plusieurs chimistes des plus distingués (MM. Dumas, Pelouze, A. Laurent, Ebelmen, etc.) en faveur du symbole SiO; et notre préférence pour ce symbole se trouve ensuite justifiée par la possibilité d'appliquer notre méthode de construction aux formules des silicates, application qui ne peut se faire qu'après avoir modifié ces formules dans le sens dont nous parlons.

En admettant donc pour les silicates alumineux des formules semblables à celles que contient la dernière colonne des tableaux précédents, on remarquera d'abord que les quantités relatives d'oxygène de l'alumine et de la base ṙ, sont toujours dans des rapports simples et tout à fait comparables à ceux que l'on observe généralement entre l'acide et la base des sels ordinaires : la première partie de ces formules semble donc représenter un aluminate, tantôt neutre, tantôt tribasique, toujours d'un degré de saturation fort simple. La quantité de silice qui s'ajoute à ce noyau apparent de matière saline se compose toujours d'un nombre entier d'atomes, comme celle de l'eau dans les silicates hydratés (V. le second tableau), et ce nombre parcourt dans ses variations une échelle assez étendue, que l'on peut comparer à celle des atomes d'eau de cristallisation dans les sels ordinaires : car, le nombre des atomes de silice peut varier de 1 jusqu'à 30 au moins; il est de 6 dans les grenats, de 8 dans l'amphigène, de 12 dans l'émeraude et dans l'orthose, de 30 dans l'apophyllite.

Les formules des silicates alumineux sont donc, sous beaucoup de points, comparables à celles des sels ordinaires hydratés, et par conséquent il était naturel de chercher si l'on ne pourrait pas les construire de la même manière, en faisant de la combinaison alumineuse un centre ou noyau salin, et des atomes de silice les éléments multiples d'une enveloppe extérieure, en rapport par sa forme avec celle de la substance cristallisée. En un mot, il s'agit d'examiner si les formules des silicates alumineux à doubles bases ne se laisseraient pas décomposer en deux parties telles que $\ddot{Al}\dot{r}^{n} + \dot{S}i^{x}$, la première étant dans tous les cas un aluminate simple et la seconde satisfaisant à la condition que les valeurs de x s'accordent avec les nombres de l'échelle qui exprime la loi de symétrie du système. Or c'est ce qui s'observe et se manifeste de la manière la plus sensible dans les formules qui appartiennent à des substances des trois ou quatre premiers systèmes, pourvu qu'on ait soin de choisir celles qui ont été plusieurs fois analysées et dont la composition chimique peut être regardée comme connue avec exactitude. Citons des preuves de ce nouvel accord entre la composition et la forme, dans le groupe de corps dont il est question.

Les principales espèces de silicates alumineux qui appartiennent au système cubique sont l'amphigène, l'analcime et les grenats. La formule de l'amphigène est $\ddot{Al}\dot{K} + \dot{S}i^{8}$, et le nombre 8 fait évidemment partie de l'échelle de nombres qui caractérise ce système (voir la première partie).

L'analcime a pour formule $\ddot{Al}\dot{Na}\dot{H}^{2} + \dot{S}i^{8}$. On peut la considérer comme un amphigène de soude, dont le noyau salin serait hydraté : en regardant les deux atomes d'eau comme compris dans ce noyau, on construira la formule de la même manière que celle de l'espèce précédente.

Les grenats ont pour formule générale $\ddot{Al}\dot{r}^{3} + \dot{S}i^{6}$, qui donne évidemment une molécule octaédrique, si l'on place au centre $\ddot{Al}\dot{r}^{3}$ et les six atomes de silice dans les sommets de l'octaèdre. Mais la formule peut encore être construite d'une autre manière, un peu moins simple que la précédente, mais peut-être aussi probable, surtout si l'on fait attention que les formes les plus simples du système cubique, le cube et l'octaèdre, n'existent pas ou sont excessivement rares dans les grenats, et qu'elles ont pour remplaçants habituels le dodécaèdre rhomboïdal et le trapézoèdre. La formule $\ddot{Al}\dot{r}^{3}\,\dot{S}i^{6}$ peut d'abord s'écrire ainsi : $\ddot{Al}\dot{r} + 2\dot{r}\dot{S}i^{3}$, et en la sextuplant on obtient $6\ddot{A}l\dot{r}+12\dot{r}\dot{S}i^3$. On voit alors que les 6 atomes ternaires de la première espèce peuvent être placés dans les sommets des angles tétraèdres, et les 12 atomes de la seconde espèce dans les milieux des faces d'un dodécaèdre rhomboïdal; ce qui donne une molécule dépourvue de centre réel. Cette dernière construction acquerra un plus haut degré de probabilité, si on la rapproche de celle que l'on est conduit à adopter pour la formule des idocrases.

Les idocrases font partie des espèces qui cristallisent dans le système du prisme à base carrée. D'après les analyses de Richardson, il est regardé comme constant que leur composition relative est la même que celle des grenats, et que par conséquent ces minéraux nous offrent un nouvel exemple de dimorphisme. Les idocrases ont donc la même formule brute que les grenats, savoir : $\ddot{A}l\dot{r}^3\dot{S}i^6$; mais, relativement aux idocrases, cette formule doit se construire d'une tout autre façon, et c'est en effet ce qu'il est possible d'admettre : car il suffit de partir de la formule équivalente $\ddot{A}l\dot{r}+2\dot{r}\dot{S}i^3$, et de multiplier ses deux termes par le facteur 4; on obtient pour résultat $4\ddot{A}l\dot{r}+8\dot{r}\dot{S}i^3$, et l'on voit sans peine que les nouveaux termes correspondent aux parties extérieures d'un prisme à base carrée. Telle est donc dans ce cas la forme très-probable de la molécule cherchée, qui est encore une molécule non centrée.

Nous citerons de plus comme exemples de formules susceptibles de construction dans le système quadratique, celles de la gehlénite, de la paranthine ou wernérite et de la méionite. La gehlénite a pour formule $\ddot{A}l\dot{c}a^3+\dot{S}i^4$: on voit que sous cette forme elle se prête d'elle-même à la construction d'une molécule centrée, a quatre sommets latéraux, ou d'une table carrée.

La wernérite et la méionite paraissent avoir une même composition relative; M. Berzélius leur assigne la même formule; elles cristallisent dans le même système, sous des formes excessivement rapprochées; aussi quelques minéralogistes ont-ils été tentés de les réunir en une seule espèce. Cependant le plus grand nombre les séparent à cause des différences physiques et chimiques qu'elles présentent. Leur formule brute est $\ddot{A}l\dot{c}a.\dot{S}i^4$. Cette formule peut se construire de deux manières très-différentes dans le système quadratique : d'abord, si on la met sous la forme $\ddot{A}l\dot{c}a + \dot{S}i^4$, elle donnera une molécule centrée, d'une structure analogue à celle de la gehlénite; puis, en multipliant par 2 les termes de cette dernière formule, on aura $2\ddot{A}l\dot{c}a + \dot{S}i^8$, d'où l'on peut tirer une molécule centrée, à deux sommets culminants ($\ddot{A}l\dot{c}a$), et huit sommets latéraux ($\dot{S}i$) figurant un prisme à base carrée. Il est probable que la wernérite et la méionite sont deux substances isomères, dont les molécules offrent une telle différence de structure : la wernérite, qui se laisse attaquer plus difficilement par les acides, aurait sa partie saline au centre de la molécule, tandis que la méionite, au contraire, présenterait la sienne aux deux extrémités.

L'émeraude, la néphéline, le mica à un axe, et la chlorite font partie du groupe des substances qui cristallisent en prime hexagonal, sans présenter les modifications rhomboédriques. La formule de la première, mise sous la forme $\ddot{A}l\dot{B}e^3 + 12\,\dot{S}i$, se laisse évidemment construire en une molécule centrée prismatique, les 12 atomes de silice occupant les sommets d'un prisme hexaèdre régulier.

Celle de la néphéline, au premier abord, semble se refuser à donner, comme il le faudrait, un type de même genre; car, sauf la différence des bases, elle est parfaitement semblable à celle de la wernérite, et le coefficient 4 rappelle le système quadratique. Mais nous avons déjà vu que la même formule pouvait se prêter à divers modes de construction, ce qui est rendu nécessaire par le principe du polymorphisme. Si l'on écrit ainsi la formule de la néphéline, $\ddot{A}l\dot{N}a + 4\,\dot{S}i$, et que l'on multiplie ses deux termes par 3, on aura $3\ddot{A}l\dot{N}a + 12\,\dot{S}i$, qui peut se construire en une molécule hexagonale, avec un centre et deux sommets, marqués tous trois par un atome de $\ddot{A}l\dot{N}a$.

Il est remarquable que la néphéline, qui est soluble en gelée comme la méionite, a comme celle-ci des atomes salins placés a l'extérieur de la molécule. Nous ferons encore observer, à l'égard de la néphéline, que M. Berzélius, et après lui plusieurs minéralogistes, ont pendant longtemps assigné à cette espèce une autre formule, beaucoup moins probable, et qu'ils ont abandonnée depuis, savoir : la formule $2\,\ddot{Al}\dddot{Si} + \dot{Na}^2\dddot{Si}$, qui deviendrait dans notre système de notation $\ddot{Al}\dot{Na}.\,\dot{Si}^{\frac{9}{2}}$; l'anomalie offerte ici par les exposants fractionnaires de la silice, et l'impossibilité de construire une pareille formule, montrent assez qu'elle ne peut être exacte : mais, de plus, notre méthode de construction, en contrôlant le résultat de l'analyse, aurait pu servir à indiquer le sens dans lequel ce résultat devait être corrigé ; des deux formules $\ddot{Al}\dot{Na}.\dot{Si}^4$ et $\ddot{Al}\dot{Na}.\dot{Si}^5$ dont se rapproche la formule en question, la première seule est admissible, parce qu'on peut la construire dans le système cristallin de la néphéline.

Le mica à un axe, ou mica magnésien, ayant pour formule $\ddot{Al}\dot{Mg}^3 + 6\dot{Si}$, sa molécule doit être une table hexagonale, ayant au centre l'atome salin $\ddot{Al}\dot{Mg}^3$ et aux angles latéraux les six atomes de silice. Remarquons que la formule de ce mica est semblable, sauf la différence des bases monoxydes, à celles des grenats et des idocrases. Ces trois sortes de minéraux nous offrent donc un bel exemple de trimorphisme, c'est-à-dire de la cristallisation d'un même composé chimique dans trois différents systèmes : le cubique, le quadratique et l'hexagonal. On voit, de plus, que notre principe de construction se plie parfaitement aux exigences de ce fait, assez commun dans les composés naturels, et qu'il l'explique en montrant que le polymorphisme n'est en réalité qu'un cas particulier d'isomérie, qui ne diffère de l'isomérie ordinaire qu'en ce que celle-ci se rapporte uniquement à la molécule chimique, tandis que le polymorphisme n'a trait qu'à la molécule physique ou cristalline.

La chlorite a pour formule $\ddot{Al}\dot{Mg}^3\dot{Si}^6 + 2\dot{Mg}H^2$: sa molécule se compose d'une molécule de mica magnésien, avec deux sommets de plus, occupés par un atome d'hydrate de magnésie.

La pennine est une autre substance, voisine de la chlorite, et qui cristallise en rhomboèdre; la formule par laquelle on représente sa composition.

$$2\dot{Mg}\ddot{Al} + 5\dot{Mg}^2\dot{Si}^3\dot{H}^2, \text{ ou } \ddot{Al}\dot{Mg}^6\dot{S}^{\frac{1}{2}}\dot{H}^{10},$$

ne saurait se construire sous cette forme, et demande quelque correction. Les analyses de ce minéral, faites par MM. Schweitzer et Marignac, sont loin d'offrir un accord satisfaisant.

La thomsonite est un silicate hydraté, qui appartient au système cristallin du prisme droit rhomboïdal, mais qui présente, en outre, cette particularité, que son prisme fondamental diffère extrêmement peu d'un prisme droit à base carrée; l'angle du prisme est, en effet, de 90° 40'. Cette circonstance est indiquée par la formule atomique et le mode de construction auquel elle se prête. La thomsonite a pour formule $\ddot{Al}\dot{Ca}\,\dot{Si}^4\dot{H}^2$: c'est une wernérite, hydratée par 2 atomes d'eau seulement. Sa molécule doit donc être une molécule de wernérite, c'est-à-dire un prisme à base carrée, légèrement altéré par l'addition d'un atome d'eau vers chacune des bases.

La natrolithe est une autre espèce rhombique, qui a pour formule $\ddot{Al}\dot{Na}\dot{H}^2\dot{Si}^6$: c'est une analcime avec 2 atomes de silice en moins dans l'enveloppe superficielle. Aussi voit-on quelquefois dans la nature les masses cristallines d'analcime passer à une substance fibreuse, qui n'est rien autre chose que de la véritable natrolithe ou mésotype à base de soude. Il est évident que la formule $\ddot{Al}\dot{Na}\dot{H}^2\,\dot{Si}^6$ se prête à un mode de construction compatible avec la symétrie du système rhombique.

Nous pourrions citer encore d'autres cas de silicates alumineux, dont les formules se montrent d'accord avec la cristallisation; nous pourrions également faire voir que la même concordance existe dans les silicates non alumineux; mais dans cette classe de corps elle y est moins frappante, parce que les molécules centrées y sont plus rares. Je n'en citerai qu'un seul exemple fort remarquable : l'apophyllite cristallise en prisme droit à base carrée. M. Berzélius lui assigne pour formule $\dot{K}\ddot{Si}^2 + 8\dot{Ca}\ddot{Si} + 16\dot{H}$, qui revient à $\dot{K}\dot{C}a^8\dot{S}i^{30}\dot{H}^{16}$. Cette dernière peut se décomposer ainsi : $\dot{K}\dot{S}i^6 + 8\dot{C}a\dot{S}i^3 + 16\dot{H}$; et si l'on place au centre l'atome unique du silicate potassique, les 8 atomes de silicate de chaux et les 16 atomes d'eau formeront à l'entour deux enveloppes superposées, ayant l'une et l'autre la symétrie qui convient aux formes du système quadratique.

De tous les faits qui précèdent, il me semble qu'on est en droit de conclure que les combinaisons de la silice, de l'alumine et des bases monoxydes n'ont pas été envisagées jusqu'ici sous leur véritable point de vue. Ces combinaisons, formées pour la plupart à de hautes températures, ressemblent parfaitement à celles que produisent aux températures ordinaires l'eau, les acides et les bases; mais c'est l'alumine et ses isomorphes qui remplissent véritablement le rôle d'acide, relativement aux bases à 1 atome d'oxygène, et la silice paraît se comporter, dans ces composés, exactement comme l'eau dans les sels ordinaires.

Que l'alumine puisse jouer un tel rôle, à une température élevée, c'est ce qu'on accordera sans peine, et ce qui est d'ailleurs admis depuis longtemps. On connaît la grande affinité de l'alumine pour les alcalis, les terres alcalines et plusieurs des oxydes métalliques; on peut artificiellement préparer un bon nombre d'aluminates, et, si ce genre de composés salins a paru jusqu'ici fort rare dans la nature, ne doit-on pas attribuer cette rareté apparente à la manière dont on a envisagé jusqu'ici les combinaisons siliceuses? Pour nous, les prétendus silicates doubles d'alumine et d'une base monoxyde, qui sont si communs dans la nature, ne sont pas des silicates dans le sens propre du mot, ce sont de véritables aluminates, formés au sein d'une dissolution siliceuse, et qui ont retenu, en cristallisant par refroidissement, une partie du dissolvant, comme font les sels ordinaires, quand ils se forment dans l'eau à une basse température. Ce sont, en un mot, des aluminates silicatés, ou, qu'on nous passe cette expression, des aluminates hydratés par la silice, celle-ci étant en quelque sorte l'analogue de l'eau pour les hautes températures.

C'est, en effet, au rôle chimique de l'eau que nous sommes conduits à comparer celui de la silice : seulement, il faut prendre les deux corps à des températures très-différentes pour leur trouver des aptitudes semblables. Il nous semble donc que, dans les grandes formations plutoniques, la silice a rempli principalement la fonction de véhicule ou de dissolvant par rapport aux acides et aux bases, et que, loin de se comporter à l'égard de presque tous les oxydes comme un acide très-énergique, elle a montré le plus souvent un caractère d'indifférence très-marqué. Si l'on a cru, jusqu'à présent, le contraire, si l'on a presque toujours fait jouer à la silice le rôle d'un acide puissant à une haute température, c'est qu'on n'a pas tenu suffisamment compte de la grande fixité de ce corps, qui lui permet de prendre la place d'acides plus forts que lui, comme l'acide carbonique ou l'acide sulfurique, mais en même temps plus volatils ou moins stables. Les observations de MM. Fournet et Ebelmen sur la décomposition des silicates naturels ont montré, d'une part, que, dans la nature, les aluminates siliceux se décomposent suivant les mêmes lois que les sels hydratés, et, d'une autre part, que la silice le cède en énergie à l'eau elle-même, qui peut la déplacer, non-seulement à une basse température, mais encore à une température assez élevée.

M. Berzélius a rendu à la minéralogie un immense service, en prouvant que, dans les composés de la nature, la silice et les oxydes métalliques étaient toujours unis entre eux dans des rapports simples et définis, et en donnant les moyens de représenter ces combinaisons par des formules. A l'époque où il a débrouillé le chaos qu'avait offert jusque-là cette partie du règne minéral, il a dû se prononcer sur le rôle que jouait la silice dans cette nombreuse série de composés, et il lui a paru qu'elle avait plutôt les caractères d'un acide que ceux d'une base; la grande autorité de son nom a entraîné tous les chimistes qui se sont, de toutes parts, rangés à son opinion. Il faut convenir qu'elle était, en effet, fort plausible à cette époque. Toutefois, il nous semble qu'on aurait pu, dès ce moment même, poser la question de savoir si la silice n'avait pas joué, dans les produits de la voie sèche, une troisième sorte de rôle, le rôle de corps indifférent, et si la région des hautes températures ne pouvait pas, comme celle des températures basses, avoir ses acides propres, ses bases et ses corps neutres, ceux-ci faisant, à l'instar de l'eau, l'office général de véhicule ou de dissolvant. Nous avons été conduit, pour ainsi dire malgré nous, et par la force entraînante des faits et de leurs déductions logiques, à nous faire cette question, et à lui trouver une solution que nous livrons à l'appréciation des chimistes, et que nous soumettons avec confiance à M. Berzélius lui-même.

L'hydrogène et le silicium sont placés l'un à côté de l'autre dans la série électrochimique des éléments : ces deux corps ont entre eux les plus grands rapports; ils produisent des composés gazeux, acides, et de même formule, en se combinant avec le soufre, le chlore et le fluore. En s'unissant à l'oxygène, ils forment pareillement des composés analogues, de formule identique, et qui se comportent de la même manière à des températures différentes. On sait, par les belles expériences de M. Gaudin, que la silice est susceptible de fusion et même de vaporisation; et des observations fort intéressantes de M. Fournet nous ont appris que la silice avait, comme l'eau, la faculté de rester liquide à une température inférieure à celle de son point de fusion. D'un autre côté, le bore a aussi de grands rapports avec le silicium; il forme avec l'oxygène un composé (l'acide borique) qui jouit aussi de la propriété de servir de dissolvant aux bases et à certains acides, comme il résulte des recherches de M. Ebelmen, et dont la capacité de saturation varie autant que celle de la silice; il forme, en outre, avec le soufre, le chlore et le fluore, des combinaisons analogues à celles que le silicium produit avec les mêmes corps : tout semble donc indiquer que la silice et l'acide borique doivent avoir une composition atomique semblable, et qu'au symbole BO^3, par lequel la plupart des chimistes représentent l'acide borique, il faut substituer BO, en réduisant d'un tiers le poids atomique du bore. Ce changement a l'avantage de rendre plus complete l'analogie entre les composés correspondants du bore et du silicium; ceux qu'ils forment en se combinant avec le soufre, le chlore et le fluore ont alors des formules atomiques parfaitement semblables; mais à ces raisons purement chimiques s'en joint une autre, qui nous paraît devoir décider la question. Les formules des borates ne se laissent construire qu'autant qu'on y opère le changement dont il s'agit. La boracite en fournit une preuve bien remarquable. Cette substance cristallise, comme on le sait, dans le système particulier du cube et du tétraèdre régulier. Sa formule ordinaire est $\dot{Mg}^3\ddot{B}^4$; elle devient, quand on y remplace $\ddot{B}$ par son équivalent $\dot{B}^3$, $\dot{Mg}\dot{B}^4$, dans laquelle on reconnaît de suite la formule propre aux espèces tétraédriques. (Voir la Ire partie.)

Il résulte, de ce qui précède, que l'eau, l'acide borique et la silice sont des composés de même formule, qui peuvent jouer le même rôle à des degrés différents de température, celui de véhicule ou de dissolvant à l'égard des acides et des bases, et qu'ils peuvent reproduire dans les diverses régions de l'échelle des températures, des formations d'un genre analogue, donner lieu, par exemple, à des sels par évaporation ou par refroidissement, en se dégageant de la combinaison qui se forme, ou bien en s'unissant avec elle.

Ces vues, si elles se confirment, ne seront pas dépourvues d'importance, non-seulement pour la chimie, mais aussi pour la minéralogie et la géologie. Les analyses s'interprétant différemment, les petites corrections qui avaient lieu dans un certain sens se feront désormais dans une direction différente, et un grand nombre d'analyses anciennes pourront être formulées autrement et plus simplement qu'on ne l'avait fait jusqu'ici. Beaucoup d'analogies, dont on ne se rendait pas compte, se trouveront expliquées par là. Le groupe des feldspaths, par exemple, réunit des espèces qui ont entre elles le plus haut degré de ressemblance, après celui qui constitue l'isomorphisme proprement dit; et cependant leurs compositions paraissent n'avoir que des rapports très-éloignés, si l'on en juge par les quatre ou cinq formules anciennes qui servent à les représenter. Par les nouvelles formules, on voit que tous les feldspaths ont un fond commun, qui est un atome d'aluminate alcalin, et qu'ils ne diffèrent que par la portion variable du dissolvant que ce sel a retenu, sans doute par suite de conditions différentes de pression et de température. Les pyroxènes et les amphiboles, quand on les rapproche en un même groupe, offrent entre eux les mêmes analogies et les mêmes différences de composition et de forme, que celles qui caractérisent le groupe feldspathique : c'est qu'ils ne sont pareillement que des combinaisons de la silice avec une même quantité de base, à des degrés différents de saturation. En effet, les pyroxènes peuvent tous être ramenés à la formule $\dot{r}^4\dot{Si}^8$; les amphiboles, au contraire, à la formule $\dot{r}^4\dot{Si}^9$: ceux-ci ne diffèrent donc des premiers que par un faible excès de silice; aussi se produisent-ils à une température un peu plus basse. Dans les porphyres pyroxéniques de l'Oural, les euphotides de la Valteline, les hypersthénites du Tyrol, et les serpentines du Harz, les cristaux de pyroxène (augite, hypersthène, ou diallage) se sont formés les premiers, au sein de la roche encore en fusion; puis lorsque, par le refroidissement, la température s'est abaissée au point où l'amphibole peut se produire, la pâte environnante a fourni aux cristaux de pyroxène la quantité de silice nécessaire pour les faire passer en tout ou en partie à l'état d'amphibole, sans qu'ils perdissent leur forme de pyroxène. La production de ces écorces épigéniques que l'on observe si fréquemment sur les cristaux des porphyres susmentionnés, ne se conçoit bien que lorsqu'on fait jouer à la silice le rôle particulier que nous lui avons attribué.

Enfin, je ferai remarquer combien ce nouveau rôle a d'importance au point de vue de la géologie. On s'est demandé souvent au sein de quel véhicule avaient pu se former toutes ces roches plutoniques dont les éléments se composent exclusivement de silice et de silicates : ce véhicule, c'est la silice elle-même. Toutes les formations de substances minérales peuvent se partager entre deux grandes époques, l'époque des hautes températures et celle des températures basses; entre deux grands domaines, celui de l'eau à l'état liquide, et celui du feu où l'eau liquide se trouvait remplacée par la silice en fusion. Chacune de ces époques a eu ses produits analogues, et des composés salins ont pu se former par la double voie de l'évaporation et du refroidissement. L'acide borique a pu certainement aussi avoir sa part dans les productions de l'époque ancienne: il résulte, en effet, des expériences de M. Ebelmen, qu'on peut artificiellement obtenir par son moyen la cristallisation de l'alumine et des aluminates, c'est-à-dire des corps les plus réfractaires : mais nous ne pensons pas qu'on puisse inférer de ces expériences que la nature a usé du même procédé pour produire les corindons et les spinelles. Ainsi que l'a fait remarquer avec beaucoup de raison M. Beudant, les borates jouent dans la nature un rôle beaucoup trop minime pour qu'on puisse admettre que l'acide borique ait pu prendre une part bien active aux cristallisations formées par la voie sèche. S'il s'était trouvé fréquemment en présence de l'alumine, on devrait rencontrer dans la nature des borates alumineux formés par refroidissement; et l'on sait que ce genre de produit manque presque complétement. Il nous semble que puisque la silice est susceptible aussi d'être vaporisée, quoique plus difficilement que l'acide borique, elle a pu aussi être chassée parfois, mais comme par exception, des dissolutions qu'elle avait formées. Nous sommes donc portés à lui attribuer la cristallisation, non-seulement des aluminates siliceux, mais même des aluminates purs et de l'alumine elle-même; les premiers, qui sont en même temps les plus nombreux, ayant cristallisé par refroidissement (ce qui est en effet le mode de formation normal et naturel), les autres, beaucoup plus rares, ayant cristallisé par évaporation du dissolvant, ce qui a dû être un cas exceptionnel. Ce qui nous confirme dans cette opinion, relativement à l'origine des corindons et des aluminates, c'est qu'on a toujours trouvé dans ces substances une certaine quantité de silice, dont on n'a su expliquer la présence qu'en la supposant empruntée aux mortiers dans l'opération de l'analyse.

Ainsi, à l'époque où l'eau ne pouvait exister à l'état liquide sur la terre, c'était la silice qui en tenait lieu et en faisait l'office; une vaste dissolution siliceuse contenait tous les éléments, et leur permettait d'obéir à leurs affinités respectives; peut-être même pourrait-on dire, pour rendre plus parfaite encore l'analogie avec notre époque, qu'une partie de cette silice était en vapeur dans l'atmosphère, et qu'elle a dû s'en précipiter sous diverses formes, à mesure que le globe se refroidissait; en sorte que cette époque ancienne aurait eu, comme la nôtre, ses pluies, ses neiges particulières, ses glaciers d'un autre genre. Nous nous trouverions amenés ainsi, par cet ensemble de considérations, à redonner une apparence de vérité à cette opinion singulière des anciens, d'après laquelle le cristal de roche était comme une sorte d'eau. plus fortement congelée que l'eau ordinaire.

FIN.